藍聖傑 BLUE —— 繪

陳昱俐 —— 故事　　翟翱 —— 文字

那年夏天，從失去到復得；
家從熟悉恆定的成為流動無垠的。

一切都在變化，變化也包含逝去。

唯有，海的顏色同她的髮一樣，深不可測。

家

蟬鳴，綠葉，還有泛黃紙箱，

透著雨水的氣息，過往季節的潮溼記憶。

住了三年的公寓，外牆有些斑駁，雨漬來自更久以前的壞天氣。

搬家這天，兒子盯著封箱好的玩具問我，

「爸爸，我們要去哪裡？」

「新家啊。」我說。

「那這個家怎麼辦？」

好難回答啊。我訥訥的說，「以後這裡就……。」

「碰」一聲，搬家工人剛好關起車門，我來不及把話說完。

他玩起總不離身的小汽車，因為除了我以外，
便沒有其他玩伴。

玩遊戲，也是寂寞的表現吧。

老媽在電話裡問我：

「搬好了嗎？」「還習慣嗎？」「還是回家裡住比較好吧？」

其實只有前兩個是真正的問句，最後是她常用的反問法。

「一個男人怎麼帶小孩，還是回家住吧。」

決定搬家前，老媽始終這樣嚷嚷著。

「可是我已經有自己的家了呀？」好想這樣回問她。

「都很好都很好。」我回答，速速掛掉電話。

晚上兒子喊著要他的小白兔抱枕。
我割開一個個紙箱，卻遍尋不著。
「不然爸爸講故事給你聽好不好？」
過了好久，他一邊委屈的說著：
「不要，我要小白兔。」一邊任由眼皮垂下。

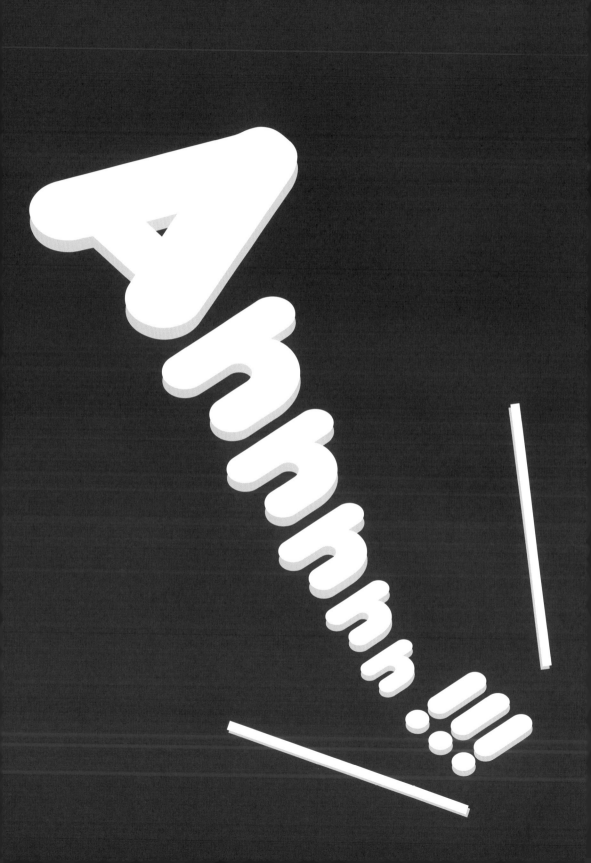

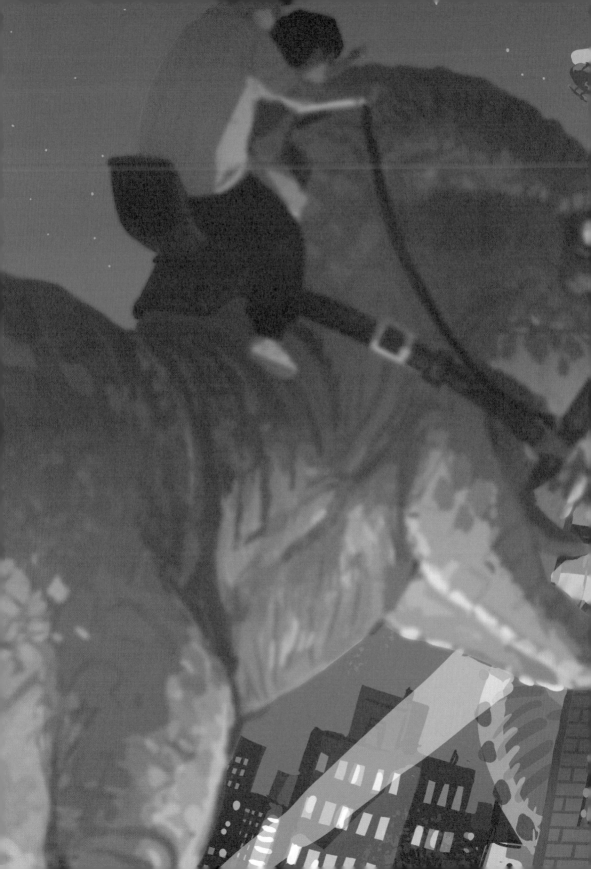

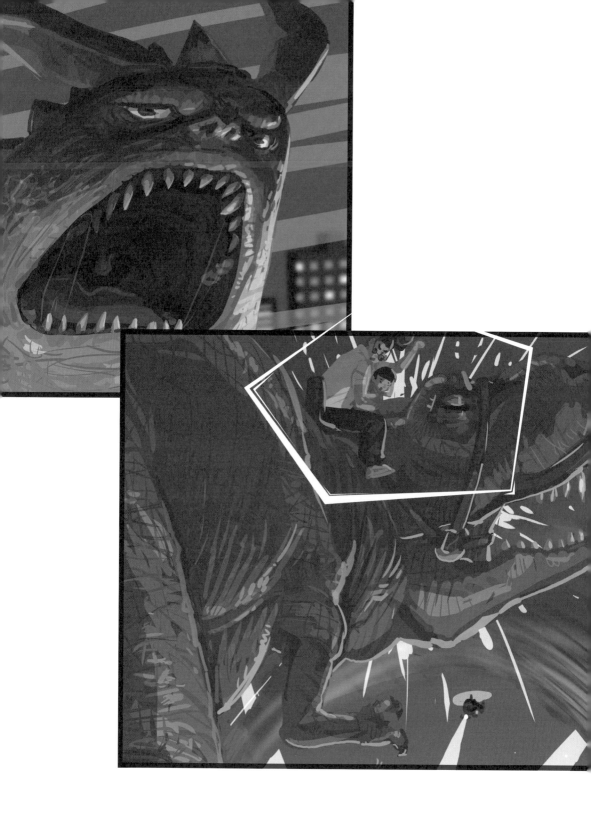

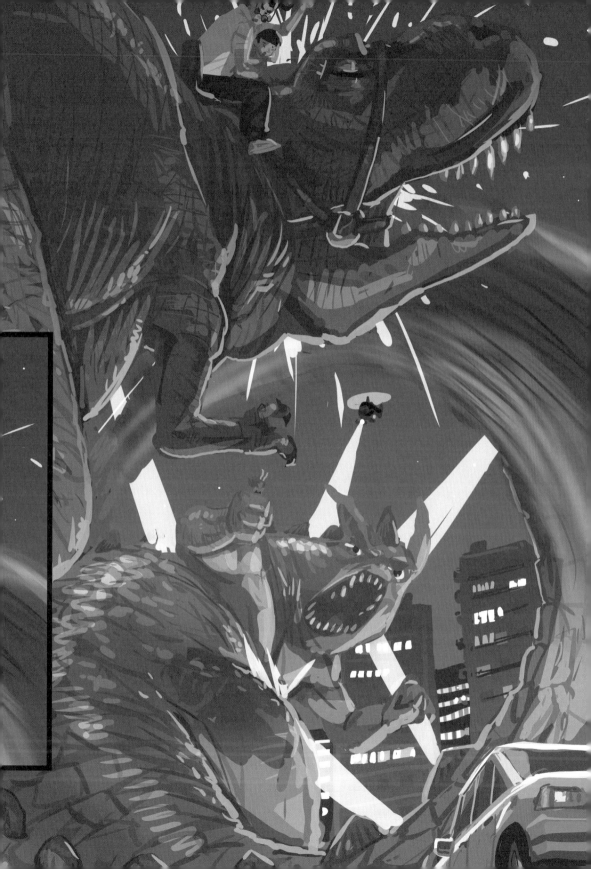

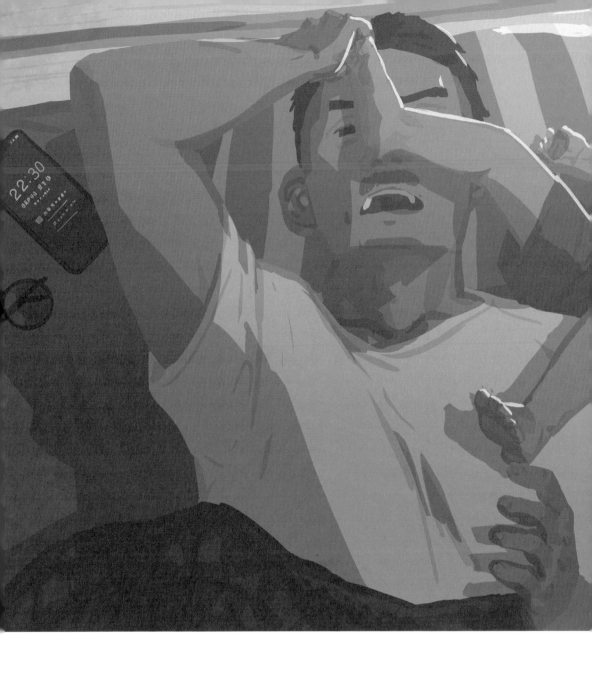

編輯來信催稿，累積了好幾封，我都未讀。

其實催稿信這種東西，就算內文空白也能傳遞效果，

只要看到寄信者是編輯，就會讓人短暫失魂，只想速速自手機螢幕上滑掉。

今晚總算是一鼓作氣，把它們點開。

還是，不能逃啊。

好痛，本來以為是恐龍的尾巴，醒來才發現是兒子的腳。

夢著睡前說給兒子的故事——

一個男人英勇的乘著代表正義的恐龍拯救美女。

現在才發覺這故事其實是說給我自己聽的吧？

「還在幻想自己是英雄啊。」我對自己說。

從什麼時候開始，對自己畫的內容感到乏味了呢？
「沒有靈魂的東西，不過是反映作者的內心罷了。」
我想起多年前前輩說的。
然而，我還是畫起編輯要的養眼女子。
畫著畫著，啊，妳也受困在這裡嗎？

整頓好了所有，就能成為一個家嗎？
兒子不見的抱枕，是不是家的缺口呢？
或者，缺口，終究是可以完整的嗎？
把問題丟進無盡的夜。

夏天的藍

童年如果是一個季節，一定是夏天，
有種暑假剛放，令人迫不急待的新鮮感。
想去游泳池，想去海邊，想去雜貨店買支冰棒，
要到後來才知道，大人的夏天不一樣。
例如今年，一開始手忙腳亂，陸續遇到新的人。

首先是老吳。
老吳像每棟大廈都有的警衛，
要到很後來才知道，老吳有自己的人生。
女兒在美國讀書，無事時喜歡聽老歌，對花練嗓。
老吳似乎永遠是一個人，寂寞，卻也自得。

也是要到後來才想起，今年夏天的天空，像海。

面對眼花撩亂的抱枕，兒子挑不出想要的。

舊的仍在記憶裡。

他看了半天，說，「爸爸，那我要這個。它是不是就是小白兔？」

好難跟他解釋消失是怎麼一回事。

電梯將關之際，女子的聲音傳來，「請稍等我一下。」

當下我愣了 0.5 秒才按下開啟鍵。

因為沒想到會有人這樣從容的趕電梯。

不是粗手粗腳的闖，也不用喊叫，而是客客氣氣的「請」，

趕忙中還是帶著餘裕，留著自在。

女子進入電梯。

首先，是她的頭髮漾著深邃的藍色，海潮退到遠方再遠方的藍。

再來，是她見著兒子，馬上堆起淺淺的笑容，彷彿對任何反應都了然於心。

之後，世界縮成了一台電梯大小，直到她走出去。

帶小孩，總有一些時候，你覺得他們是不同的生物。

難以言喻。無法溝通。全然任性。

例如餵他吃飯時。

也總有一些時候，小孩覺得你是不同的生物。

難以言喻。無法溝通。全然任性。

例如你忘記他還是小孩而生氣的時候。

他因為我生氣而哭了。
一直哭一直哭。
我退到一座小島上，
懊悔自己怎麼這樣。

兒子主動向我低頭，突然覺得，我才是小孩。

又是四下無人的夜。
偌大城市裡，有多少人跟我一樣，還醒著仰望這片天空？

小白兔

夏日有雷。

曾經看過一部電影，
男孩在漆黑的自然課放映室裡遇見女孩。
女孩轉過身，此時背後銀幕閃起雷電，
女孩的臉亮了起來，成為男孩眼睛裡的一道光。
畫外音此時說，「這，就是雷。」

盛夏裡，不是所有的生命都在滋長。
有些在角落被遺忘，漸漸消散。
然而，一個生命會牽引出更多生命。
這，就是相遇。

老吳幫我搬上老家寄來的包裹，說，「這重量，我看八成是一大箱水果。」

打開，果真是。
到底，在父母眼裡，我還是長不大的小孩。

小時候老媽總是可以在晚餐後立刻端出一盤切好的蘋果。

以前只顧著吃，從沒想過老媽是何時又忙進忙出的？

幫兒子洗著老媽寄來的蘋果。

忽然有點想打電話給她，問她今天好不好？

是不是又把自己搞得很忙？

老媽在電話裡直說自己很好。

父母跟小孩總有這種不讓彼此擔心的攻防戰。

小孩是城市裡的水，
流竄在每個人的心裡，
帶來新鮮。

忽然想到搬來這裡後，
還沒帶他好好出去晃晃。

然而害羞如他，見到別的小朋友總會縮在我腳邊。

走著走著，
他的目光被玻璃另一邊的小生命吸引了。

再一次遇見她，那一頭深邃奇異的藍。

本來因奄奄一息小狗而憂鬱的她，見著兒子，笑了起來。

她總是努力為他人擺出笑容嗎？我心想。

她說在路邊遇到這隻小狗，腳有點受傷，還懷孕了。

接著，她仔細為兒子說明小狗要怎樣照顧，為什麼會有人丟下受傷還懷孕的狗兒。

我想起那部電影裡，畫外音說道：

「這，就是雷。」

「小白兔我要照顧你。」

兒子忽然幫小狗取了名字。

轉頭問她，「我可以帶小白兔散步嗎？」

女子瞟了我一眼，像在尋求我的回應，我聳聳肩。

接著她笑了，說，「當然可以。」

於是，女子和我，還有兒子與小白兔，便常常一起出門散步。

畫面通常是兒子與小白兔橫衝直撞，兩個大人走在後頭。

我們各懷所思，有時她正要說什麼，我也剛好開口，結果兩個人都沉默了。

有時她因兒子笑出聲。

我想那是真正快樂的笑聲。

雨

放上新的相片，
才感覺搬完家了。

新的記憶在新的空間裡慢慢變舊，舊了，才是家，
無論在哪或與誰有關。

相片封存兒子與我、小白兔，以及女了的笑容。
相框裡，時間是恆定的，但夏天還在走。

就像雨水落下又升騰，上升的一切必將匯合。

日常，在練習裡變得熟悉。
例如學穿鞋、綁鞋帶。

或者練習洗碗。

鞋子、碗筷、腳踏車，大的伴隨小的，還是小的陪伴著大的？
他努力學穿鞋，試著自己洗碗，練習騎單車。所有的事物對他都是練習。
漸漸的，他的練習成為我生活的一部分。

畫筆不再沉重。
因為掌握它的人真心想畫下屬於自己的片刻。
瑣碎的，喧鬧的，光彩的。

我在畫裡找到了方向。
現實之外，女子仍像一道謎。
「不如我們一起吃晚餐吧。」
猶豫了好久，我傳訊問她。

「抱歉。有通電話要等，來晚了。」見著我們，她說。

一度以為她不會赴約。
連兒子都問，爸爸我們在等什麼？

此刻，不起眼的家庭餐廳也變得夢幻。
落地窗裡是燭火般的人影。
然而，她的笑聲始終彷彿在很遠的地方。

她在等的電話是什麼呢？

然而最終，我們只互道了晚安。

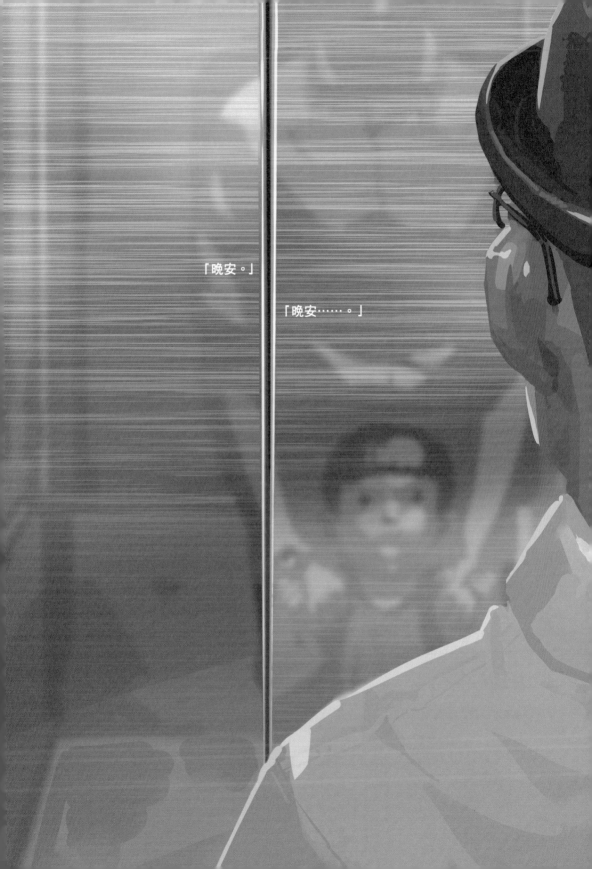

「晚安。」

「晚安⋯⋯。」

這天，天空是積雨雲，曾經上升的注定落下。

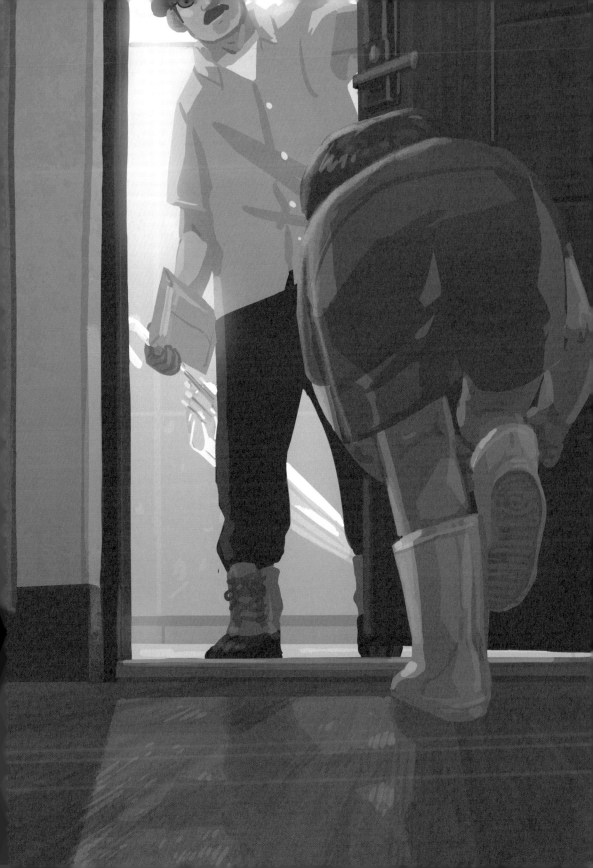

我留下即將成書的畫稿給她。

老吳約我們和小藍一起參加煙火大會。

發燒來得急又快，如同我彷彿誤闖了她生命的慌張。

慘了，這下誰來照顧他？

但小朋友彷彿有直覺，見我不舒服，他開始乖乖自己吃飯。

雨下了整夜。

怕感冒傳染兒子，我睡在客廳沙發上，聽著城市無盡的雨聲──
雨落在公園，落在我們一起走過的街道，落在我背對她牽著兒子離去的超市。

雨包圍我們。

我們困在各自的家裡。

但家不該是溫暖的嗎？

煙火

城市被雨刷洗後，變得簇新。
天空乾淨得彷彿一切都能重來，
除了我們在錯的時間巧遇。

上次在超市遇見她和他後，我們好幾天沒聯絡。

手機裡，四面八方的訊息傳入，
要一直往下滑才看到她之前傳來的訊息：
「真好。」

即使這樣意義模糊的一句話，
我還是可以想起她指的是什麼；
還是可以想起當初我揣想過的各種意思——
這個夏天真好。
那頓晚餐真好。
那晚真好。

「叮咚。」
是她傳來的訊息：
「小白兔要生了。」

該如何跟兒子描述生命就是如此——
新的降臨，舊的逝去，甚至不是交接，更像是錯身；
曾經鍾愛，想用整個世界換取的，
望著她眼睛，會令你入神的，都可能忽然消失。

「小白兔走了。」我說，摸著他頭。
兒子只是盯著她——
「嗯。」
兒子的頭輕輕的點了一下。

最終，小白兔長眠在樹下。

「你知道樹可以活一百年嗎？小白兔只是先在這裡等我們。
哪怕要好久好久，可是你知道，她都會在這裡。」

埋葬小白兔後，她獨自走遠，我問她要去哪？之後打算怎麼辦？

她回頭說，「之後的事……我只知道自己想通了很多。」
語末，帶著淺淺的笑容。

接著，她便離開了。
我沒有趕上去叫住她。

有風吹過，遠方的山，像靜止的浪。

煙火大會的日子到了。
等待花火，像等待不該抱持期待的回音——
縱使花火是那樣的瞬間即逝，
你還是期待它的綻放。
只要一瞬間，就夠了。

花火的光影映照她的臉上，
不斷變換，終至看不清她的表情。

是笑容嗎？卻又帶著淚光。
但無須多言，我只是靜靜望著她，她綻放了所有的花火。

長大

空空的玻璃窗印著我倆的身影。

經過熟悉的地方，卻發現醫院不一樣了。

有種錯覺：她不是離開，而是正要搬進來；

這不是結束，而是開始。

但逐漸萎靡的蟬鳴提醒我，夏已到尾聲，她是真的離開了。

原來開始與結束是如此相近。

我想像她帶著我送她的畫冊手稿。
如果記憶可以被記憶，
就像浪潮退了又回；
來回的海浪，其實是自己的回音。

她出現後，我開始畫屬於自己的東西。
儘管她不在其中，一一檢視這些手稿，卻發現她無所不在。
記憶像浪潮，如她髮色的浪潮，拍打著我。

我跟兒子帶著小白兔生下的三隻小狗參加送養大會。
來往人們投以好奇眼神，不時有人問：狗媽媽呢？
兒子只說，她在別的地方等我們。
路人看起來一頭霧水，我則是對他笑了笑。

最後，老吳現身領走了最小半白半咖啡色的那隻。
他嘴上說，看你們怪辛苦的，我來幫忙養一隻吧。
結果馬上興奮的跟女兒視訊。
以後他吊嗓練歌，大概不怕沒聽眾了吧？

小狗們都有了家。

或許家是流動的，一直在路上，

一直隨成員不同而有新的意義。

她自義大利寄來照片。

照片裡，她望著明媚的風景，我想這就是她想要的自由吧。

兒子有時會問我，她去哪了？怎麼消失了？

這一次我可以跟他說，那不是消失，是抵達。

我想像，此刻她在義大利某個不知名的小鎮，望著天空。

而我與她在同一片藍天下。

秋天逐漸降臨。
兒子也學會上學時速速把我甩開，
「爸爸，送我到這裡就好了啦。」
令人聯想不到一個月多前的他還是那麼黏人。

想到所謂成長就是時間悄悄的偷走你熟悉的人或物，
忽然感傷了起來。

路樹轉黃，夏天真的過去了。

騎著單車，
突然有種想越踩越大力的衝動，
好像可以追回些什麼。
隨後又放慢腳步，因為我知道，我也隨這個夏天不同了，而它還會再來。

有時候只需要等待。

他們都在這個夏天裡，兒子，小藍，老吳，還有小白兔與她的寶寶；
他們都隨這個夏天成為別的樣貌。

一個又一個夏天會到來。

1+1+1　　　　　　　　　　MO011

作　　者：藍聖傑 BLUE　　　　整合行銷：黃鐘巘
故　　事：陳昱俐　　　　　　主　　編：劉璞
文　　字：翟翱　　　　　　　副總編輯：林毓瑜
責任編輯：郭湘薇、王君宇　　總 編 輯：董成瑜
作者經紀：盧家豪　　　　　　發 行 人：裴偉
責任企劃：林宛萱

裝幀設計：陳恩安
內頁排版：陳恩安

出　　版：鏡文學股份有限公司
　　　　　114066 台北市內湖區堤頂大道一段 365 號 7 樓
電　　話：02-6633-3500
傳　　真：02-6633-3544
讀者服務信箱：MF.Publication@mirrorfiction.com

總 經 銷：大和書報圖書股份有限公司
242 新北市新莊區五工五路 2 號
電　　話：02-8990-2588
傳　　真：02-2299-7900

印　　刷：漾格科技股份有限公司
出版日期：2020 年 8 月 初版一刷
I S B N：978-986-98868-6-4
定　　價：420 元